Aloke Verma

Superfícies de Fermi e Metais

Aloke Verma

Superfícies de Fermi e Metais

Teoria e experiência

ScienciaScripts

Imprint
Any brand names and product names mentioned in this book are subject to trademark, brand or patent protection and are trademarks or registered trademarks of their respective holders. The use of brand names, product names, common names, trade names, product descriptions etc. even without a particular marking in this work is in no way to be construed to mean that such names may be regarded as unrestricted in respect of trademark and brand protection legislation and could thus be used by anyone.

Cover image: www.ingimage.com

This book is a translation from the original published under ISBN 978-620-6-77531-7.

Publisher:
Sciencia Scripts
is a trademark of
Dodo Books Indian Ocean Ltd. and OmniScriptum S.R.L publishing group

120 High Road, East Finchley, London, N2 9ED, United Kingdom
Str. Armeneasca 28/1, office 1, Chisinau MD-2012, Republic of Moldova, Europe
Managing Directors: Ieva Konstantinova, Victoria Ursu
info@omniscriptum.com

Printed at: see last page
ISBN: 978-620-8-41237-1

Prefácio

O estudo das superfícies de Fermi e do seu papel no comportamento dos metais e de outros materiais condutores tem estado no centro da física da matéria condensada durante décadas. Desde o início do século XX, o desenvolvimento da mecânica quântica e o subsequente nascimento da teoria das bandas forneceram enquadramentos poderosos para compreender como se comportam os electrões nos metais, como interagem com o potencial periódico da rede e como estas interações dão origem às propriedades fascinantes dos materiais.

O conceito de superfície de Fermi encontra-se na intersecção da teoria e da experiência, fazendo a ponte entre os princípios abstractos da mecânica quântica e as propriedades observáveis dos metais, semicondutores e materiais mais exóticos, como os isoladores topológicos e os semimetais de Weyl. Estas superfícies oferecem uma janela para a dinâmica dos electrões dentro de um material, ditando a forma como este responde a estímulos externos como campos eléctricos, campos magnéticos e alterações de temperatura. Da condutividade eléctrica à magnetorresistência, a compreensão da superfície de Fermi é essencial para a previsão e engenharia do comportamento dos materiais.

Este livro, *Fermi Surfaces and Metals*, é uma tentativa de explorar a rica e intrincada paisagem da teoria das superfícies de Fermi e suas aplicações. Pretende-se que sirva tanto de introdução como de referência detalhada para estudantes, investigadores e profissionais nos domínios da física da matéria condensada, da ciência dos materiais e da física do estado sólido. Quer se trate de um principiante na matéria ou de um investigador que procura aprofundar os seus conhecimentos, este texto tem como objetivo cobrir os aspectos essenciais dos estudos de superfícies de Fermi, desde os princípios básicos até aos tópicos avançados.

Os primeiros capítulos lançam as bases, abrangendo conceitos fundamentais como o modelo de electrões livres, a distribuição de Fermi-Dirac e a construção de superfícies de Fermi. Estas discussões preparam o terreno para tópicos mais avançados, incluindo o modelo de ligação estreita, cálculos de bandas de energia e técnicas experimentais como a espetroscopia de fotoemissão resolvida em ângulo (ARPES) e o efeito de Haas-van Alphen. Quando o leitor chegar aos capítulos finais, estará familiarizado com a investigação de ponta em materiais topológicos, supercondutores de alta temperatura e oscilações quânticas, bem como com as implicações mais vastas dos estudos da superfície de Fermi na física moderna.

Como em qualquer outro domínio em rápida evolução, as novas descobertas estão constantemente a alterar a nossa compreensão. Desde materiais bidimensionais como o grafeno até materiais com ordem topológica, a exploração das superfícies de Fermi é fundamental para desvendar as propriedades destes sistemas exóticos. Além disso, a interação entre a teoria e a experiência, destacada ao longo deste texto, ilustra como a colaboração entre ambos os domínios é necessária para o avanço do campo.

Ao escrever este livro, baseei-me nos contributos de numerosos investigadores e experimentalistas que lançaram as bases para os modernos estudos da superfície de Fermi. As suas descobertas não só iluminaram os mistérios do comportamento dos electrões nos sólidos, como também prepararam o caminho para futuras inovações em materiais quânticos, spintrónica e computação quântica.

Espero que este livro o inspire a explorar o fascinante mundo das superfícies de Fermi e a apreciar a notável interação entre a natureza mecânica quântica dos electrões e as propriedades macroscópicas dos materiais. Quer seja movido pela curiosidade, pela investigação ou por aplicações práticas, acredito que uma compreensão mais profunda das superfícies de Fermi enriquecerá o seu conhecimento e alimentará o seu interesse pela física dos metais e não só.

Dr. Aloke Verma
Diretor do Departamento de Física
Universidade de Kalinga, Naya Raipur (CG) IN

Índice de conteúdos

Capítulo 1

Introdução às superfícies de Fermi e aos metais

1.1. O que são superfícies de Fermi?

O conceito de **superfície de Fermi** é fundamental para a compreensão das propriedades electrónicas dos metais e da física do estado sólido. Uma superfície de Fermi representa o conjunto de pontos no espaço recíproco (espaço de momento) onde a energia dos electrões é igual à energia de Fermi. É definida em termos do comportamento mecânico quântico dos electrões, que obedecem às **estatísticas de Fermi-Dirac**.

Figura 1.1 A imagem das superfícies de Fermi, ilustrando formas 3D complexas e brilhantes que flutuam num ambiente científico escuro.

À **temperatura de zero absoluto (0 K)**, todos os estados energéticos disponíveis abaixo de uma determinada energia, designada **por energia de Fermi**, estão preenchidos com electrões, e os estados acima dessa energia permanecem desocupados. A superfície de Fermi, portanto, serve como uma fronteira no espaço de momento que separa os estados electrónicos preenchidos dos não preenchidos. A sua geometria fornece informações profundas sobre as propriedades eléctricas, térmicas e magnéticas de um material.

A forma e a estrutura da superfície de Fermi dependem da **estrutura cristalina** e **da estrutura de bandas** do material específico. Em metais simples como o sódio ou o potássio, a superfície de Fermi pode ser quase esférica, enquanto que em metais mais complexos como o cobre ou o ferro, a superfície de Fermi pode ter formas complexas, reflectindo a interação entre os electrões e o potencial periódico da rede cristalina.

1.2. Importância das superfícies de Fermi nos metais

O estudo das superfícies de Fermi desempenha um papel crucial na física da matéria condensada. Os metais, por definição, têm bandas de energia eletrónica parcialmente preenchidas e as suas superfícies de Fermi são responsáveis por muitos dos seus comportamentos caraterísticos. Propriedades como a condutividade eléctrica, **a magnetoresistência** e a capacidade térmica estão diretamente relacionadas com a configuração da superfície de Fermi.

Por exemplo, a superfície de Fermi determina a facilidade com que os electrões podem responder a um campo elétrico aplicado, o que, por sua vez, influencia a condutividade eléctrica do metal. Do mesmo modo, na presença de um campo magnético, a geometria da superfície de Fermi afecta a quantização das órbitas electrónicas, conduzindo a fenómenos como o **efeito de Haas-van Alphen**.

Além disso, técnicas experimentais como a **espetroscopia de fotoemissão resolvida em ângulo (ARPES)** e **a ressonância de ciclotrões** são especificamente concebidas para sondar a forma da superfície de Fermi, revelando não só a estrutura eletrónica do material, mas também interações subtis entre electrões e fónons, campos magnéticos e impurezas.

1.3. Electrões nos metais: Comportamento coletivo

Num metal, o grande número de electrões cria um sistema complexo mas altamente cooperativo. Ao contrário dos átomos isolados, onde os electrões ocupam níveis de energia discretos, os electrões de um metal formam um **mar coletivo**, interagindo entre si e com o potencial periódico da rede. Este comportamento coletivo pode ser compreendido através do conceito do modelo de **gás de electrões livres**, que simplifica a situação ao tratar os electrões como partículas não interagentes que se movem num fundo uniforme de carga positiva.

Embora o modelo do gás de electrões livres seja uma simplificação excessiva, fornece uma visão valiosa sobre a razão pela qual os metais conduzem eletricidade e calor. O **Princípio de Exclusão de Pauli**, que afirma que não há dois electrões que possam ocupar o mesmo estado quântico, garante que apenas os electrões próximos da superfície de Fermi participam em processos como a condução eléctrica. Os electrões muito abaixo da energia de Fermi são essencialmente "congelados", incapazes de contribuir para a condução ou transferência de calor porque já estão a ocupar os estados de energia mais baixos disponíveis.

A temperaturas diferentes de zero, no entanto, a excitação térmica permite que os electrões saltem para níveis de energia mais elevados, fazendo com que alguns electrões atravessem a superfície de Fermi. Esta **mancha térmica** em torno da superfície de Fermi influencia uma variedade de propriedades dependentes da temperatura nos metais, como o calor específico e a resistência eléctrica.

1.4. Perspetiva histórica da investigação sobre a superfície de Fermi

O estudo das superfícies de Fermi começou com o desenvolvimento da mecânica quântica no início do século XX. **O modelo de Sommerfeld** do gás de electrões, desenvolvido na década de 1920, foi uma das primeiras tentativas para descrever o comportamento dos electrões nos metais. Este modelo alargou a teoria clássica de Drude, incorporando princípios quânticos, em particular o Princípio de Exclusão de Pauli, para explicar a distribuição dos electrões em níveis de energia.

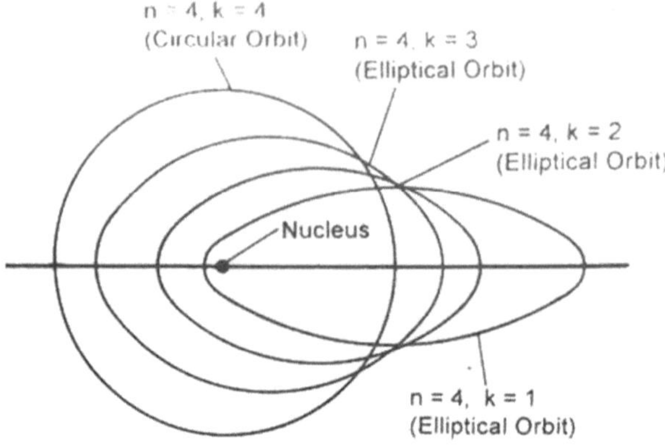

Figura 1.2 Modelo de Sommerfeld.

Mais tarde, com o advento da **teoria das bandas** e o **teorema de Bloch**, os cientistas aperceberam-se de que a natureza periódica da rede cristalina devia ser considerada para descrever com precisão o comportamento eletrónico nos sólidos. **Felix Bloch** introduziu o conceito de ondas de electrões em potenciais periódicos, o que lançou as bases para a compreensão das estruturas de bandas electrónicas e das superfícies de Fermi.

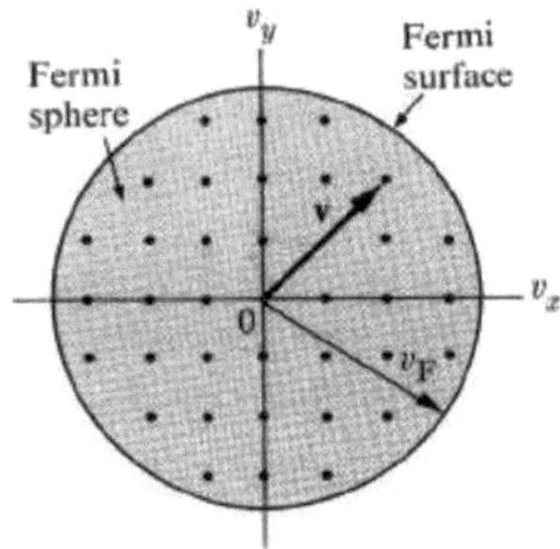

Figura 1.3 A superfície de Fermi e a esfera de Fermi.

Em meados do século XX, técnicas experimentais como as **oscilações magnetoacústicas** e o **efeito de Haas-van Alphen** permitiram as primeiras observações diretas das superfícies de Fermi. Estas descobertas proporcionaram uma verificação crucial das previsões teóricas e permitiram aos investigadores explorar os pormenores intrincados do comportamento dos electrões nos metais.

Desde então, técnicas modernas como a ARPES revolucionaram o estudo das superfícies de Fermi, oferecendo uma precisão sem precedentes no mapeamento da estrutura eletrónica de materiais complexos. Como resultado, o estudo das superfícies de Fermi expandiu-se para além dos metais simples, abrangendo uma vasta gama de materiais, incluindo semicondutores, supercondutores e isoladores topológicos.

1.5. Electrões em metais: Comportamento mecânico quântico

Nos metais, o comportamento dos electrões é regido pela **mecânica quântica**, que fornece uma imagem mais precisa e abrangente do que a física clássica. Em vez de considerar os electrões como partículas clássicas, estes são descritos como funções de onda quânticas, regidas pela **equação de Schrödinger**. Este tratamento quântico conduz à formação de bandas de energia, que surgem da interação dos electrões com o potencial periódico da rede cristalina.

Os electrões nos metais ocupam níveis de energia de acordo com as **estatísticas de Fermi-Dirac**, que têm em conta tanto o Princípio de Exclusão de Pauli como a natureza probabilística da mecânica quântica. À **temperatura de zero absoluto**, os electrões ocupam todos os estados disponíveis até à energia de Fermi, enquanto os estados de energia mais elevados permanecem vagos. À medida que a temperatura aumenta, alguns electrões próximos da energia de Fermi ganham energia suficiente para se deslocarem para estados de energia mais elevada, deixando espaços vazios abaixo da energia de Fermi.

Este tratamento mecânico quântico dos electrões nos metais conduz a vários fenómenos importantes:

- **Condutividade eléctrica**: A capacidade dos electrões para se moverem através da rede sob a influência de um campo elétrico externo depende do número de estados disponíveis perto da energia de Fermi. Uma vez que apenas os electrões próximos da superfície de Fermi podem ser excitados para estados vazios próximos, estes são os principais contribuintes para a condução eléctrica.

- **Condutividade térmica**: Os metais são também excelentes condutores térmicos porque os electrões próximos da superfície de Fermi podem facilmente transferir energia através da rede. A relação entre a condutividade eléctrica e térmica é captada pela **lei de Wiedemann-Franz**, que liga as duas propriedades através da temperatura e da superfície de Fermi.

- **Capacidade térmica**: A contribuição eletrónica para a capacidade térmica de um metal é pequena, mas aumenta com a temperatura. Isto deve-se ao facto de, a baixas temperaturas, apenas uma pequena fração de electrões (os que se encontram perto da superfície de Fermi) serem termicamente excitados, conduzindo a uma capacidade térmica proporcional à temperatura, em contraste com a maior contribuição das vibrações da rede (fónons).

1.6. O papel das superfícies de Fermi na determinação das propriedades dos metais

As superfícies de Fermi desempenham um papel fundamental na definição das propriedades fundamentais dos metais. A forma, o tamanho e a topologia da superfície de Fermi determinam o comportamento dos electrões em diferentes condições físicas. Aqui estão algumas das principais propriedades influenciadas pela superfície de Fermi:

- **Condutividade eléctrica e térmica**: Como mencionado anteriormente, a facilidade com que os electrões próximos da superfície de Fermi podem ser excitados para estados de energia mais elevados determina a condutividade de um metal. Em metais simples com superfícies de Fermi quase esféricas, como os metais alcalinos, isto resulta numa elevada condutividade. Em contrapartida, os materiais com superfícies de Fermi mais complexas podem apresentar uma condutividade anisotrópica (dependente da direção).

- **Propriedades magnéticas**: Na presença de um campo magnético, o movimento dos electrões torna-se quantizado, dando origem a níveis de energia discretos conhecidos como **níveis de Landau**. A forma como estes níveis de Landau são preenchidos depende da geometria da superfície de Fermi. O estudo destas órbitas quantizadas em campos magnéticos dá origem a fenómenos como **o efeito de Haas-van Alphen**, que fornece informações detalhadas sobre a forma da superfície de Fermi.

- **Densidade de estados no nível de Fermi**: O número de estados electrónicos disponíveis na energia de Fermi, conhecido como **densidade de estados (DOS)**, influencia o calor específico e a suscetibilidade magnética do metal. Uma DOS mais elevada ao nível de Fermi significa que há mais electrões disponíveis para participar nos processos físicos, o que resulta num calor específico e numa resposta magnética mais elevados.

- **Supercondutividade**: As superfícies de Fermi também desempenham um papel no fenómeno da **supercondutividade**, em que certos metais e ligas apresentam uma resistência eléctrica nula abaixo de uma temperatura crítica. A estrutura detalhada da superfície de Fermi determina a forma como os electrões podem formar **pares de Cooper**, os pares de electrões ligados responsáveis pela supercondutividade. Os materiais com superfícies de Fermi simples, como os supercondutores elementares, comportam-se de forma diferente dos supercondutores de alta temperatura, que normalmente têm estruturas de superfície de Fermi mais complexas.

1.7. Métodos experimentais para o estudo das superfícies de Fermi

Dada a importância crítica das superfícies de Fermi na determinação das propriedades dos metais, muito esforço tem sido dedicado ao desenvolvimento de técnicas experimentais para medir a sua forma e estrutura. São utilizados vários métodos fundamentais para estudar as superfícies de Fermi:

1. **Espectroscopia de fotoemissão resolvida em ângulo (ARPES)**: A ARPES é uma das ferramentas mais poderosas e diretas para mapear a estrutura eletrónica de um material. Na ARPES, os fotões são utilizados para excitar os electrões de um material e, medindo a energia cinética e o ângulo dos electrões emitidos, os

investigadores podem reconstruir a estrutura de bandas e a superfície de Fermi com grande detalhe.

2. **Efeito de Haas-van Alphen**: Este efeito mecânico quântico ocorre quando um metal é colocado num campo magnético forte. A natureza quantizada das órbitas dos electrões leva a oscilações na suscetibilidade magnética do material à medida que a intensidade do campo magnético muda. Estas oscilações podem ser utilizadas para inferir a geometria e o tamanho da superfície de Fermi.

3. **Ressonância de Ciclotrões**: Num campo magnético, os electrões sofrem um movimento circular com uma frequência que depende da massa efectiva do eletrão. Medindo a frequência da ressonância de ciclotrões, é possível obter informações sobre a curvatura da superfície de Fermi e a massa efectiva do eletrão.

4. **Oscilações Quânticas**: Quando um metal é exposto a um campo magnético, as suas propriedades electrónicas (como a resistividade e a magnetização) oscilam com a intensidade do campo. Estas **oscilações quânticas** fornecem informações valiosas sobre a superfície de Fermi, incluindo o seu tamanho, forma e massa efectiva do eletrão.

1.8. Importância da temperatura na distribuição de Fermi-Dirac

A função **de distribuição de Fermi-Dirac** descreve a forma como os electrões ocupam os estados de energia num metal. À **temperatura de zero absoluto**, todos os estados energéticos até à energia de Fermi estão preenchidos, e os estados acima desta estão vazios. À medida que a temperatura aumenta, os electrões próximos da energia de Fermi começam a ficar termicamente excitados, saltando para níveis de energia mais elevados. Esta **excitação térmica** afecta a ocupação dos estados energéticos próximos da superfície de Fermi e desempenha um papel fundamental na determinação das propriedades dependentes da temperatura do material.

- **A baixas temperaturas**, apenas os electrões próximos da energia de Fermi são excitados termicamente. O número de electrões excitados é proporcional à temperatura, o que determina o calor específico e a condutividade térmica do metal.

- **A altas temperaturas**, uma fração significativa de electrões é excitada para estados de energia mais elevados, afectando a resistividade eléctrica e outras propriedades de transporte do metal.

A **dependência da distribuição Fermi-Dirac em relação à temperatura** tem profundas implicações em fenómenos como a supercondutividade, em que a estrutura eletrónica perto da superfície de Fermi determina a formação de pares de Cooper. Além disso, a excitação térmica dos electrões afecta a resposta do material a campos externos e a sua suscetibilidade magnética.

Capítulo 2

Gás de electrões livres a três dimensões

2.1. Introdução ao modelo do eletrão livre

O **modelo de electrões livres** é uma representação simplificada do comportamento dos electrões nos metais. Neste modelo, o metal é tratado como um conjunto de electrões livres, que se movem independentemente num fundo uniforme de iões positivos. Este modelo ignora as interações entre os electrões e o potencial periódico da rede cristalina, permitindo-nos concentrar nas propriedades básicas dos electrões sem as complicações introduzidas pelos efeitos da rede.

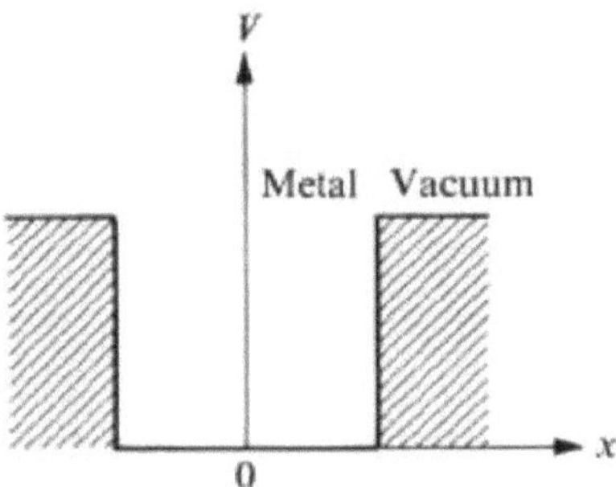

Figura 2.1 O potencial no modelo do eletrão livre.

Embora o modelo de electrões livres seja uma simplificação significativa, capta muitas caraterísticas essenciais do comportamento dos electrões em metais simples, particularmente **metais alcalinos** como o sódio e o potássio. Estes metais têm uma **superfície de Fermi** quase esférica e podem ser descritos com precisão pelo modelo de electrões livres.

Os principais pressupostos do modelo de electrões livres são:

- Os electrões são tratados como **partículas** que **não interagem entre si** e que obedecem a princípios de mecânica quântica.
- A influência da rede iónica é negligenciada, exceto para fornecer um fundo positivo uniforme para neutralizar a carga dos electrões.
- Os electrões ocupam estados de energia de acordo com as **estatísticas de Fermi-Dirac**, preenchendo os níveis de energia mais baixos disponíveis até à **energia de Fermi** no zero absoluto.

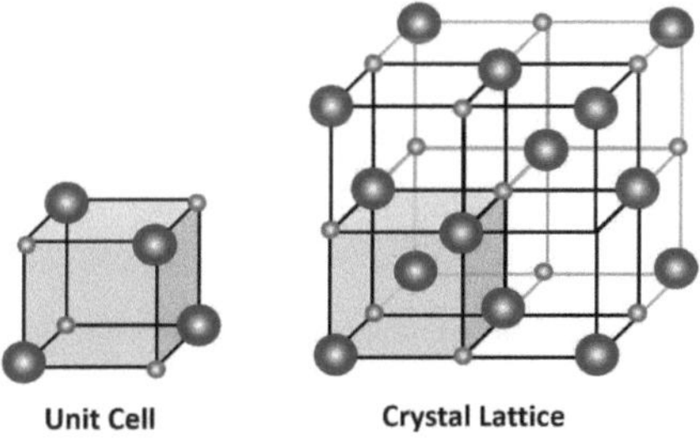

Figura 2.2 Estrutura cristalina.

2.2. Níveis de energia num gás de electrões tridimensional

Em três dimensões, os níveis de energia disponíveis para os electrões livres podem ser descritos considerando os valores permitidos do vetor **de onda** $\vec{k}$. Cada eletrão está associado a uma função de onda, em que o vetor de onda $\vec{k}$ determina o momento do eletrão. A relação entre a energia E e o vetor de onda $\vec{k}$ para um eletrão livre é dada pela **relação de dispersão**:

$$E = \frac{\hbar^2 k^2}{2m}$$

Onde:

- E é a energia do eletrão,
- $\hbar$ é a constante de Planck reduzida,
- $k = |\vec{k}|$ é a magnitude do vetor de onda,
- m é a massa do eletrão.

O vetor de onda $\vec{k}$ assume valores discretos devido às condições de fronteira impostas pela dimensão finita do cristal. Num cristal cúbico de comprimento lateral Los valores permitidos de $\vec{k}$ são dados por:

$$k_x = \frac{2\pi n_x}{L}, k_y = \frac{2\pi n_y}{L}, k_z = \frac{2\pi n_z}{L}$$

Onde n_x, n_y, e $n_z$são números inteiros que definem os estados quânticos do eletrão. No caso tridimensional, o número de estados num determinado volume de k −espaço é proporcional ao volume do cristal.

2.3. Densidade de estados em três dimensões

A **densidade de estados** (DOS) refere-se ao número de estados electrónicos disponíveis por unidade de energia num determinado nível de energia. Desempenha um papel fundamental na determinação de muitas propriedades físicas dos metais, como a sua capacidade térmica eletrónica e condutividade eléctrica.

Em três dimensões, a densidade de estados $g(E)$ é dada pela expressão:

$$g(E) = \frac{1}{2\pi^2} \frac{2m}{\hbar^2}^{3/2} \sqrt{E}$$

Esta expressão mostra que a densidade de estados aumenta com a raiz quadrada da energia. É importante notar que, na energia **de Fermi** E_Fa densidade de estados determina o número de electrões que podem participar na condução e noutros processos físicos. Quanto maior for a densidade de estados a $E_F$mais electrões estão disponíveis para responder a perturbações externas, tais como campos eléctricos ou gradientes térmicos.

2.4. Energia de Fermi e superfície de Fermi a três dimensões

A energia **de Fermi** $E_F$representa o nível de energia mais elevado ocupado à temperatura de zero absoluto. É determinada pelo número de electrões no metal, que preenchem os estados quânticos disponíveis até esta energia. A energia de Fermi pode ser calculada a partir do número total de electrões N no sistema, utilizando a seguinte relação:

$$E_F = \frac{\hbar^2}{2m} 3\pi^2 n^{\frac{2}{3}}$$

Onde n é a densidade eletrónica, ou o número de electrões por unidade de volume. Para um metal típico, a energia de Fermi é da ordem de alguns **electrões-volt (eV)**.

A **superfície de Fermi** é a superfície no **espaço recíproco** que separa os estados electrónicos ocupados e desocupados à temperatura zero. Para um gás de electrões livres em três dimensões, a superfície de Fermi é uma esfera no espaço k-espaço, com um raio k_F conhecido como o **vetor de onda de Fermi**, dado por

$$k_F = 3\pi^2 n^{\frac{1}{3}}$$

A forma esférica da superfície de Fermi é um resultado direto da natureza isotrópica do gás de electrões livres, onde a energia depende apenas da magnitude do vetor de onda ke não da sua direção. Esta superfície de Fermi esférica é um caso idealizado, mas fornece uma base importante para a compreensão de metais mais complexos, onde a superfície de Fermi pode assumir formas muito mais complexas devido à interação entre os electrões e a rede cristalina.

2.5. Efeitos da temperatura na distribuição Fermi-Dirac

A função **de distribuição de Fermi-Dirac** descreve a probabilidade de um determinado estado energético ser ocupado por um eletrão a uma temperatura específica. É dada pela seguinte equação:

$$f(E) = \frac{1}{\exp\left(\frac{E - E_f}{k_B T}\right) + 1}$$

Onde:

- $f(E)$ é a probabilidade de um estado com energia$E$ esteja ocupado,
- F_Eé a energia de Fermi,
- k_Bé a constante de Boltzmann,
- T é a temperatura.

No **zero absoluto** ($0\ K$), a distribuição de Fermi-Dirac é uma função degrau, com todos os estados abaixo da energia de Fermi totalmente ocupados ($f(E) = 1$) e todos os estados acima da energia de Fermi completamente vazios ($f(E) = 0$). À medida que a temperatura aumenta, a função degrau torna-se difusa e alguns electrões são termicamente excitados para níveis de energia superiores a E_F.

Esta **mancha térmica** em torno da superfície de Fermi conduz a várias propriedades importantes dependentes da temperatura nos metais:

- **Resistividade eléctrica**: À medida que a temperatura aumenta, mais electrões são excitados para estados de energia mais elevados, que podem dispersar as vibrações da rede (fonões), aumentando a resistividade do metal.
- **Capacidade térmica**: A contribuição eletrónica para a capacidade térmica está diretamente relacionada com o número de electrões perto da superfície de Fermi. A baixas temperaturas, a capacidade térmica cresce linearmente com a temperatura, reflectindo o número crescente de electrões excitados termicamente.

2.6. Capacidade térmica do gás de electrões livres

A **capacidade térmica** de um metal resulta tanto dos **electrões** como dos **fónons** (vibrações da rede). A **contribuição eletrónica** para a capacidade calorífica pode ser calculada considerando a excitação térmica dos electrões perto da energia de Fermi. A baixas temperaturas, apenas uma pequena fração dos electrões, aqueles que se encontram a alguns $k_B T$ da energia de Fermi, são excitados termicamente. Como resultado, a capacidade térmica eletrónica é muito menor do que a contribuição dos fões, mas aumenta linearmente com a temperatura.

A capacidade térmica eletrónica C_eé proporcional à temperatura T:

$$C_e = \gamma T$$

Onde γ é uma constante que depende da densidade de estados na energia de Fermi. A dependência linear da capacidade térmica com a temperatura é uma caraterística do modelo de electrões livres e é observada em muitos metais simples a baixas temperaturas.

2.7. Limitações do modelo do eletrão livre

Embora o modelo de electrões livres forneça uma descrição simples e intuitiva do comportamento dos electrões nos metais, tem várias limitações:

- **Negligência das interações eletrão-eletrão**: Na realidade, os electrões interagem uns com os outros através da força de Coulomb e estas interações podem alterar significativamente as propriedades electrónicas de um metal.
- **Negligência da Estrutura Cristalina**: O modelo de electrões livres assume que os electrões se movem num fundo uniforme, ignorando o potencial periódico da rede cristalina. Na maioria dos metais, a interação entre os electrões e a rede cristalina leva à formação de **bandas de energia**, que não podem ser captadas pelo modelo de electrões livres.
- **Falha na explicação de superfícies de Fermi complexas**: Embora o modelo de electrões livres funcione bem para metais simples como o sódio, não consegue descrever as superfícies de Fermi mais complexas observadas nos metais de transição e noutros materiais com fortes efeitos de rede.

Estas limitações abrem caminho a modelos mais sofisticados, como o **modelo de electrões quase livres** e **os modelos de ligação apertada**, que serão discutidos nos capítulos seguintes.

Capítulo 3

Esquemas de zonas em sólidos cristalinos

3.1. O conceito de zonas de Brillouin

O comportamento dos electrões nos sólidos cristalinos é grandemente influenciado pela natureza periódica da estrutura cristalina. Para compreender o movimento dos electrões numa estrutura periódica deste tipo, é útil trabalhar no **espaço recíproco** (também conhecido como **espaço k**), onde o potencial periódico da rede cristalina pode ser descrito em termos de **vectores de onda**. No espaço recíproco, o conceito de **zona de Brillouin** torna-se essencial para compreender como se distribuem as energias dos electrões.

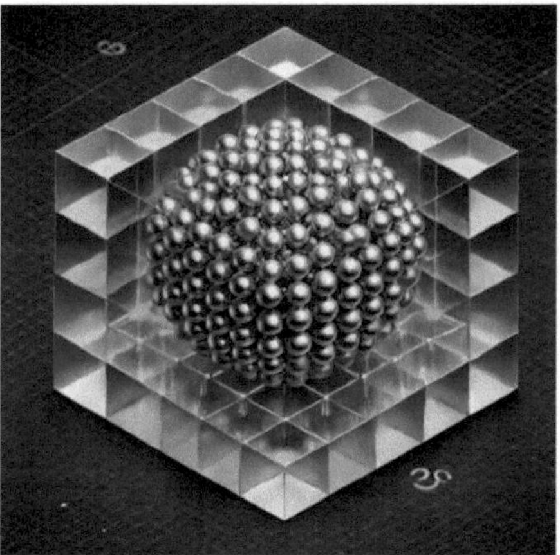

Figura 3.1 Representação tridimensional de uma superfície de Fermi no interior da zona de Brillouin de um cristal cúbico, mostrando uma superfície de Fermi quase esférica com ligeiras distorções perto das arestas devido a interações com a rede cristalina. A grelha representa a rede recíproca.

Uma **zona de Brillouin** é a célula primitiva no espaço recíproco, construída utilizando uma técnica conhecida como o **método de Wigner-Seitz**. A primeira zona de Brillouin é definida como a região do espaço recíproco que contém o conjunto de pontos mais próximos da origem (o centro da zona de Brillouin) do que de qualquer outro ponto da rede recíproca. Por outras palavras, é o volume mais pequeno do espaço k que contém todos os estados quânticos distintos associados à rede cristalina periódica.

A **forma e o tamanho** da zona de Brillouin dependem da estrutura cristalina do material. Por exemplo:

- Para uma **rede cúbica simples**, a zona de Brillouin é um cubo.
- Para uma rede **cúbica de corpo centrado (BCC)**, a zona de Brillouin é um octaedro truncado.
- Para uma rede **cúbica de faces centradas (FCC)**, a zona de Brillouin é um dodecaedro rômbico.

O significado da zona de Brillouin reside na sua capacidade de conter toda a informação única sobre o comportamento do eletrão no cristal. Como a rede cristalina é periódica, a função de onda do eletrão deve obedecer ao **teorema de Bloch**, que afirma que as funções de onda podem ser escritas como ondas planas moduladas por uma função periódica. Como resultado, podemos restringir a nossa análise à primeira zona de Brillouin, onde se encontram todos os estados únicos do eletrão. Qualquer vetor de onda fora desta zona pode ser mapeado de volta para a primeira zona de Brillouin usando a periodicidade da rede.

3.2. Esquemas de zonas alargadas, reduzidas e periódicas

Ao estudar a estrutura das bandas electrónicas e as superfícies de Fermi, é útil utilizar diferentes esquemas de zonas para representar a distribuição dos estados electrónicos. Estes esquemas são formas diferentes de visualizar como os níveis de energia dos electrões estão dispostos na zona de Brillouin e para além dela.

- **Esquema de zona alargado**: No esquema de zonas alargadas, os níveis de energia são representados continuamente em função do vetor de onda

$k$estendendo-se para além dos limites da primeira zona de Brillouin em zonas de ordem superior. Cada zona de Brillouin adicional contém estados electrónicos adicionais permitidos e, neste esquema, a natureza periódica da rede cristalina é explicitamente mostrada. O esquema de zonas alargadas é útil para visualizar a **estrutura de** bandas de um cristal e a repetição de bandas em zonas de Brillouin superiores.

- **Esquema de Zona Reduzida**: No esquema de zona reduzida, todos os vectores de onda são dobrados de volta para a primeira zona de Brillouin. Isto é feito tirando partido da periodicidade da rede cristalina, que permite que qualquer vetor de onda seja traduzido para a primeira zona de Brillouin através da adição de um vetor recíproco da rede. Neste esquema, todos os estados electrónicos únicos estão confinados dentro dos limites da primeira zona de Brillouin. O esquema de zona reduzida é normalmente utilizado para descrever **a dinâmica dos electrões** nos termos mais simples possíveis, uma vez que reduz a complexidade da visualização da estrutura de bandas.

- **Esquema de zona periódica**: O esquema de zona periódica é uma abordagem híbrida que mostra a natureza periódica das bandas, mas confina os vectores de onda à primeira zona de Brillouin. Neste esquema, os níveis de energia são mostrados repetindo-se periodicamente em função do vetor de onda, mas todos os vectores de onda estão limitados à primeira zona. Este esquema realça a repetição periódica dos estados electrónicos e é frequentemente utilizado para visualizar **intervalos de bandas** e transições electrónicas.

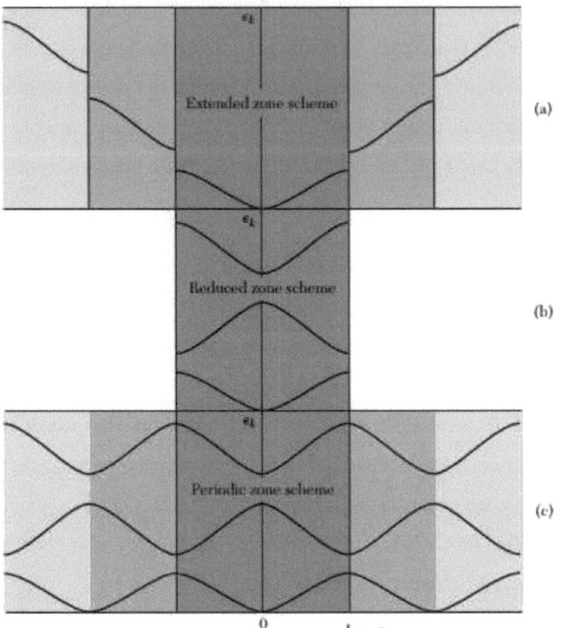

Figura 3.2 Três bandas de energia de uma rede linear representadas nos esquemas (a) alargado (Brillouin), (b) reduzido e (c) de zona periódica.

Estes diferentes esquemas de zonas são utilizados em contextos diferentes, dependendo das propriedades dos electrões que estão a ser estudadas. Por exemplo, o esquema de zona reduzida é especialmente útil para analisar superfícies de Fermi porque nos permite visualizar a forma como a superfície de Fermi interage com os limites da zona de Brillouin, enquanto o esquema de zona alargada é mais adequado para analisar a estrutura de bandas numa gama mais vasta de vectores de onda.

3.3. Simetria no espaço recíproco e superfícies de Fermi

A **simetria da rede cristalina** tem um efeito profundo na estrutura da zona de Brillouin e, consequentemente, na superfície de Fermi. Como a rede cristalina é periódica, os vectores de onda que descrevem os electrões no sólido devem respeitar a mesma simetria da rede. Esta simetria está codificada na rede recíproca e na forma da zona de Brillouin.

Certos pontos e direcções de elevada simetria dentro da zona de Brillouin são de especial interesse porque correspondem frequentemente a caraterísticas críticas da estrutura da banda, tais como a localização dos mínimos e máximos da banda de energia. Estes pontos de elevada simetria são rotulados com notação padrão, tal como:

- Γ para o centro da zona de Brillouin,
- X para um ponto no limite da zona ao longo do eixo x,
- L para um ponto na fronteira ao longo da diagonal do corpo (para estruturas FCC ou BCC).

A **superfície de Fermi**, que separa os estados de electrões ocupados e desocupados, deve também respeitar a simetria da rede recíproca. Para materiais com redes cúbicas simples, a superfície de Fermi pode ser esférica, mas para estruturas cristalinas mais complexas, a superfície de Fermi pode ter formas intrincadas que reflectem a simetria da rede subjacente.

A interação entre a superfície de Fermi e os limites da zona de Brillouin é particularmente importante. Em certos casos, a superfície de Fermi pode intersectar os limites da zona, conduzindo a **órbitas abertas**, que afectam significativamente as propriedades de transporte eletrónico do material. Estas órbitas abertas podem ocorrer em metais com superfícies de Fermi altamente anisotrópicas, onde os electrões se podem mover em órbitas alargadas através do cristal.

3.4. Estrutura de bandas e zonas de Brillouin

O conceito de **bandas de energia** é fundamental para a compreensão das propriedades electrónicas dos sólidos. O potencial periódico da rede cristalina faz com que os níveis de energia permitidos dos electrões se dividam em bandas, com intervalos de energia proibidos, conhecidos como **intervalos de banda**, entre elas. A estrutura de bandas descreve a forma como a energia dos electrões varia com o seu vetor de onda na zona de Brillouin.

- Nos metais, a **banda de condução** sobrepõe-se à **banda de valência**, permitindo que os electrões se movimentem livremente e contribuam para a condutividade eléctrica. Isto resulta numa banda de condução parcialmente preenchida, com o **nível de Fermi** situado dentro da banda.

- Nos **semicondutores**, o nível de Fermi situa-se no intervalo de banda, o que significa que, à temperatura zero, a banda de condução está vazia e a banda de valência está totalmente ocupada. No entanto, a excitação térmica ou a dopagem podem introduzir portadores na banda de condução, permitindo que os semicondutores conduzam eletricidade em determinadas condições.

- Nos **isoladores**, o intervalo de banda é demasiado grande para que a excitação térmica introduza portadores significativos na banda de condução, pelo que estes materiais não conduzem eletricidade em condições normais.

O **tamanho e a forma da zona de Brillouin**, juntamente com a interação entre os electrões e o potencial periódico da rede, desempenham um papel fundamental na determinação da estrutura de bandas de um material. Por exemplo, em materiais com uma rede cúbica simples, a zona de Brillouin é relativamente simples, o que conduz a uma estrutura de banda simples. Em contrapartida, os materiais com redes mais complexas, como os de **simetria hexagonal** ou **tetragonal**, apresentam estruturas de bandas mais complexas, com caraterísticas como **cruzamentos de bandas** e **pontos de Dirac** que podem dar origem a comportamentos electrónicos exóticos.

3.5. A Importância dos Esquemas de Zona nos Estudos da Superfície de Fermi

Os esquemas de zona são cruciais no estudo das superfícies de Fermi porque nos permitem visualizar como os electrões ocupam os níveis de energia no espaço recíproco. Ao compreender a **interação entre a superfície de Fermi e a zona de Brillouin**, podemos prever uma vasta gama de propriedades electrónicas em metais, semicondutores e isoladores.

- **Condutividade metálica**: A forma e o tamanho da superfície de Fermi, bem como a sua interação com a zona de Brillouin, determinam a facilidade com que os electrões se podem mover através do material em resposta a um campo elétrico. Os metais com superfícies de Fermi grandes e esféricas tendem a ter uma elevada condutividade, enquanto os metais com superfícies de Fermi mais complexas podem apresentar uma condutividade anisotrópica, o que significa que as propriedades eléctricas variam com a direção.

- **Oscilações quânticas**: Técnicas como o **efeito de Haas-van Alphen** baseiam-se na quantização das órbitas dos electrões num campo magnético. A forma como estas órbitas são quantizadas depende da forma da superfície de Fermi e do seu enquadramento na zona de Brillouin. O estudo destas oscilações fornece informações valiosas sobre o tamanho, a forma e a topologia da superfície de Fermi.
- **Gaps de banda e comportamento isolante**: Nos semicondutores e isoladores, a posição do nível de Fermi em relação à estrutura de banda e o tamanho dos intervalos de banda determinam as propriedades electrónicas do material. Compreender a forma como a estrutura de bandas está organizada na zona de Brillouin é essencial para a conceção de materiais com propriedades electrónicas específicas.

Os esquemas de zona ajudam-nos a relacionar a periodicidade da rede cristalina com os estados energéticos dos electrões e permitem-nos estudar sistematicamente a forma como as alterações de temperatura, pressão ou dopagem afectam o comportamento eletrónico de um material.

Capítulo 4

Construção de superfícies de Fermi

4.1. Introdução à construção da superfície de Fermi

A **superfície de Fermi** é um conceito fundamental que permite aos físicos descrever o comportamento dos electrões nos metais. A sua forma, tamanho e topologia fornecem informações cruciais sobre as propriedades electrónicas de um material. A construção da superfície de Fermi requer uma combinação de dados experimentais e modelos teóricos para mapear os estados de energia que se encontram no nível de Fermi.

As superfícies de Fermi são construídas no **espaço recíproco** e a sua forma é determinada pela **estrutura de bandas** subjacente do material. A estrutura de bandas resulta da resolução da equação de Schrödinger para os electrões que se movem no potencial periódico da rede cristalina. Nos metais, as bandas electrónicas parcialmente preenchidas definem a superfície de Fermi como o conjunto de pontos no espaço recíproco onde a energia do eletrão é igual à **energia de Fermi**.

Neste capítulo, exploramos diferentes métodos de construção de superfícies de Fermi e explicamos como podem ser utilizadas para compreender as propriedades de transporte de um material, como a condutividade eléctrica e térmica.

4.2. Modelo do eletrão quase livre

O **modelo de electrões quase livres** é um refinamento do modelo de electrões livres que tem em conta a fraca interação entre os electrões de condução e o potencial periódico da rede cristalina. Este modelo é especialmente útil para descrever o comportamento dos electrões em metais simples, onde o potencial devido à rede não é suficientemente forte para alterar drasticamente o comportamento dos electrões, mas ainda assim causa perturbações.

No modelo de electrões quase livres, os electrões movem-se livremente através da rede, mas as suas funções de onda são ligeiramente dispersas pelo potencial periódico. Esta dispersão faz com que as bandas de energia **se dividam** nos limites da zona de Brillouin, levando à formação de **intervalos de banda**. Estes intervalos de banda separam regiões de estados de energia permitidos, e os electrões dentro destes estados determinam a forma da superfície de Fermi.

Matematicamente, o modelo de electrões quase livres resolve a equação de Schrödinger com um potencial periódico fraco. A **teoria das perturbações** é utilizada para calcular os desvios de energia causados pelo potencial da rede. Neste modelo, a superfície de Fermi permanece frequentemente esférica, mas é ligeiramente distorcida perto dos limites da zona, onde ocorre a divisão da banda.

A forma da superfície de Fermi no modelo de electrões quase livres é determinada pela **dispersão da banda de energia**:

$$E(\vec{k}) = \frac{\hbar^2 k^2}{2m} + V_{periodic}(k)$$

Onde $V_{periodic}(k)$ representa o potencial periódico devido à rede cristalina. A distorção da superfície de Fermi causada pelo potencial da rede é mais significativa perto dos limites da zona de Brillouin.

4.3. Electrões e buracos

Nos metais e semicondutores, o conceito de **electrões** e **buracos** é fundamental para compreender o comportamento dos portadores de carga. Os electrões são partículas de carga negativa que ocupam níveis de energia acima do nível de Fermi, enquanto que **os buracos** são a ausência de um eletrão numa banda preenchida, comportando-se como se fossem partículas de carga positiva.

- **Electrões**: Estes são os portadores de carga localizados na banda de condução. Os electrões próximos da superfície de Fermi podem ser termicamente excitados para estados de energia mais elevados, o que lhes permite contribuir para a condução eléctrica. A energia e o momento destes electrões são descritos pela estrutura da banda, e o seu movimento é influenciado pela forma da superfície de Fermi.

- **Buracos**: Os buracos surgem na banda de valência quando os electrões são termicamente excitados para a banda de condução. A dinâmica dos buracos pode ser tratada de forma semelhante à dos electrões, mas estes têm uma carga oposta. Os buracos são frequentemente tratados como partículas de carga positiva que se movem em resposta a campos externos. Em muitos semicondutores, os buracos desempenham um papel fundamental na condução, juntamente com os electrões.

A **massa efectiva** dos electrões e buracos depende da curvatura da estrutura da banda perto da superfície de Fermi. Perto de regiões de elevada curvatura, a massa efectiva é pequena, permitindo que os electrões ou buracos acelerem facilmente sob um campo elétrico aplicado. Pelo contrário, nas regiões de baixa curvatura, a massa efectiva é maior, o que significa que as partículas são mais difíceis de acelerar.

4.4. Órbitas abertas e topologia da superfície de Fermi

A **topologia da superfície de Fermi** é um fator crucial na determinação das propriedades de transporte de um material. Em alguns metais, a superfície de Fermi forma órbitas fechadas que correspondem ao movimento localizado dos electrões numa região específica do espaço recíproco. No entanto, em casos mais complexos, a superfície de Fermi pode apresentar **órbitas abertas**, que permitem que os electrões se movam através de múltiplas zonas de Brillouin.

- **Órbitas fechadas**: Ocorrem quando a superfície de Fermi abrange uma região bem definida do espaço k e as trajectórias dos electrões permanecem confinadas a uma área limitada. As órbitas fechadas são típicas dos metais simples, em que a superfície de Fermi é aproximadamente esférica ou elipsoidal.

- **Órbitas abertas**: As órbitas abertas surgem quando a superfície de Fermi se estende para além da primeira zona de Brillouin, permitindo que os electrões viajem através de várias zonas. Estas órbitas abertas podem afetar significativamente a condutividade eléctrica do material, especialmente na presença de um campo magnético. As órbitas abertas podem conduzir a **uma condutividade anisotrópica**, em que a resistência eléctrica depende da direção da corrente em relação aos eixos do cristal.

Em materiais com superfícies de Fermi complexas, como os metais de transição, são comuns as órbitas abertas. Estas órbitas podem também dar origem a fenómenos como **oscilações quânticas** e comportamentos de transporte invulgares em campos magnéticos elevados. A compreensão da topologia da superfície de Fermi é essencial para prever estes efeitos.

4.5. Técnicas experimentais para a construção de superfícies de Fermi

A determinação experimental das superfícies de Fermi é um aspeto essencial da física da matéria condensada, uma vez que a superfície de Fermi fornece uma visão direta da estrutura eletrónica do material. Várias técnicas experimentais são normalmente utilizadas para mapear a forma e a topologia das superfícies de Fermi:

1. **Espectroscopia de fotoemissão resolvida em ângulo (ARPES)**: A ARPES é uma técnica poderosa que permite a visualização direta da estrutura da banda eletrónica e da superfície de Fermi. Na ARPES, um feixe de fotões é dirigido ao material e os fotoelectrões emitidos são analisados para determinar a sua energia e momento. Ao mapear a energia e o momento dos electrões, a superfície de Fermi pode ser reconstruída com elevada precisão.

2. **Efeito de Haas-van Alphen**: Este efeito mecânico quântico ocorre quando um metal é colocado num campo magnético forte. O campo magnético quantiza as órbitas electrónicas em **níveis de Landau** e, à medida que a intensidade do campo varia, observam-se oscilações na magnetização do material. Estas oscilações, conhecidas como **oscilações quânticas**, são periódicas no inverso do campo magnético e podem ser usadas para determinar o tamanho e a forma da superfície de Fermi.

3. **Ressonância de ciclotrões**: Quando os electrões se deslocam num campo magnético, entram em órbitas circulares com uma frequência conhecida como

frequência de ciclotrão. Ao aplicar um campo eletromagnético externo à frequência do ciclotrão, ocorre uma absorção ressonante de energia. Analisando esta ressonância, é possível determinar a **massa efectiva** dos electrões perto da superfície de Fermi, o que permite compreender melhor a curvatura da superfície de Fermi.

4. **Medições de Magnetoresistência**: A resistência de um material na presença de um campo magnético é frequentemente sensível à forma e à topologia da superfície de Fermi. **As anisotropias na magnetorresistência** podem ser usadas para inferir detalhes sobre as órbitas abertas e fechadas dos electrões no espaço recíproco. Os materiais com órbitas abertas mostram frequentemente alterações caraterísticas na resistência à medida que o campo magnético é aplicado em diferentes direcções.

4.6. Exemplo: Superfície de Fermi do Cobre

O cobre é um metal simples com uma superfície de Fermi bem caracterizada, o que o torna um material ideal para estudar os princípios da construção da superfície de Fermi. A superfície de Fermi do cobre é ligeiramente mais complexa do que a dos metais de electrões livres devido à estrutura da rede **cúbica de face centrada (FCC)**.

- A superfície de Fermi do cobre é aproximadamente esférica, mas está ligeiramente distorcida perto dos limites da zona de Brillouin, onde o potencial periódico provoca a divisão de bandas. Estas distorções dão origem a **bolsas de electrões** e **bolsas de buracos** em certas regiões do espaço recíproco.

- Técnicas experimentais, como o **efeito de Haas-van Alphen** e ARPES, têm sido utilizadas para mapear a superfície de Fermi do cobre em grande detalhe. Estes estudos mostram que a superfície de Fermi é essencialmente esférica, mas com ligeiros desvios devido à interação entre os electrões e o potencial da rede.

As **órbitas abertas** na superfície de Fermi do cobre podem também conduzir a fenómenos de transporte interessantes, como a magnetorresistência anisotrópica, em que a resistência elétrica do material muda em função da direção do campo magnético aplicado.

Capítulo 5

Cálculos de bandas de energia

5.1. Introdução aos cálculos de bandas de energia

Na física do estado sólido, as bandas de energia eletrónica descrevem os níveis de energia permitidos que os electrões podem ocupar num material. O comportamento dos electrões nestas bandas é regido pelo potencial periódico da rede cristalina. O cálculo das bandas de energia é essencial para prever as propriedades eléctricas, térmicas e ópticas de um material.

Existem vários métodos para calcular as bandas de energia nos metais, desde modelos simples, como o **modelo do eletrão livre**, até abordagens mais sofisticadas que têm em conta as interações complexas entre os electrões e a rede cristalina. O objetivo destes métodos é resolver a **equação de Schrödinger** para os electrões na presença do potencial da rede, obtendo-se os níveis de energia permitidos em função do vetor de onda do eletrão $\vec{k}$.

Este capítulo explora algumas das técnicas mais utilizadas para o cálculo de bandas de energia, incluindo o **método da ligação estreita**, o **método de Wigner-Seitz** e o **método do pseudopotencial**. Cada uma destas abordagens oferece uma forma diferente de compreender como os electrões se movem através do potencial periódico do cristal.

5.2. Método de ligação apertada

O **método da ligação estreita** é uma das abordagens mais utilizadas para calcular as bandas de energia em sólidos. Este método é particularmente adequado para materiais em que os electrões estão fortemente ligados aos átomos, como é o caso dos metais de transição e dos semicondutores.

No modelo de ligação apertada, assume-se que as funções de onda dos electrões estão localizadas em torno de átomos individuais, e a sobreposição entre estas funções de onda em átomos vizinhos dá origem à formação de bandas de energia. A aproximação de ligação estreita considera que os electrões "saltam" de um local atómico para outro, e as bandas de energia resultantes reflectem a probabilidade destes processos de salto.

5.2.1. Noções básicas do modelo de ligação estreita

O modelo de ligação estreita começa por considerar as orbitais atómicas de átomos isolados. Num cristal, estas orbitais atómicas sobrepõem-se ligeiramente, permitindo que os electrões se desloquem de um átomo para outro. Os principais pressupostos do modelo de ligação estreita são:

- **Orbitais atómicas localizadas**: Assume-se inicialmente que os electrões estão ligados a sítios atómicos específicos, com funções de onda que decaem rapidamente à medida que a distância do núcleo aumenta.
- **Saltos entre sítios**: Os electrões podem "saltar" entre sítios atómicos vizinhos, e a energia associada a este salto determina a largura das bandas de energia.

Matematicamente, o modelo de ligação estreita exprime a função de onda total do sistema como uma combinação linear de orbitais atómicas. O **Hamiltoniano** para este sistema inclui termos para a energia dos electrões em cada átomo e termos para o salto entre átomos vizinhos.

A **dispersão de energia de ligação estreita** para um cristal unidimensional pode ser escrita como:

$$E(k) = E_0 - 2t \cos ka$$

Onde:

- $E(k)$ é a energia do eletrão em função do vetor de onda k,
- E_0é a energia do eletrão na orbital atómica (a energia no local),
- t é o integral de salto, que representa a força da interação entre orbitais atómicas vizinhas,

- a é a constante de rede (a distância entre átomos adjacentes).

Em sistemas tridimensionais, o modelo de ligação estreita torna-se mais complexo, mas o princípio geral permanece o mesmo: as bandas de energia são determinadas pela sobreposição entre orbitais atómicas em sítios vizinhos.

5.2.2. Aplicações do método Tight-Binding

O método de ligação estreita é particularmente útil para calcular as bandas de energia de materiais com **electrões fortemente localizados**, tais como metais de transição, semicondutores e alguns cristais iónicos. Também é útil para compreender o comportamento de materiais com **bandas de energia estreitas**, em que os estados electrónicos estão confinados a uma gama limitada de energias.

Para além da sua aplicação em materiais reais, o modelo de ligação estreita é frequentemente utilizado em **modelos de brinquedo** para estudar os efeitos da geometria da rede na estrutura de bandas. Por exemplo, pode ser aplicado para estudar **o grafeno**, um material bidimensional com uma rede hexagonal. O modelo de ligação estreita prevê com precisão a formação de **cones de Dirac** nos cantos da zona de Brillouin, o que conduz às propriedades electrónicas únicas do grafeno.

5.3. Método de Wigner-Seitz

O **método de Wigner-Seitz** é uma abordagem geométrica para calcular a estrutura eletrónica dos metais, particularmente em estruturas de rede simples. Este método centra-se na divisão do espaço em torno de cada átomo em **células de Wigner-Seitz**, que são regiões do espaço que contêm um átomo cada e são construídas desenhando planos perpendiculares às linhas que ligam os átomos vizinhos. Este método simplifica a análise do potencial do eletrão no interior do cristal, reduzindo o problema ao estudo de um único átomo e da célula de Wigner-Seitz que o rodeia.

5.3.1. Célula de Wigner-Seitz e Espaço Recíproco

A **célula de Wigner-Seitz** é um volume no espaço real que envolve um ponto da rede (um átomo num cristal). É construída desenhando planos a meio caminho entre um dado átomo e todos os seus vizinhos mais próximos. A célula de Wigner-Seitz captura a simetria da rede e serve como uma forma natural de dividir o espaço em torno de cada átomo no cristal.

No espaço recíproco, a **célula de Wigner-Seitz** corresponde à **zona de Brillouin**, que representa o conjunto de vectores de onda que descrevem os estados electrónicos permitidos no cristal.

O método de Wigner-Seitz simplifica o cálculo das bandas de energia, concentrando-se no **potencial esfericamente simétrico** em torno de cada átomo. Isto permite a aproximação de que os electrões experimentam um potencial central devido ao átomo no centro da célula de Wigner-Seitz. Esta aproximação é particularmente útil em metais com estruturas de rede simples, em que os electrões podem mover-se livremente entre os átomos.

5.3.2. Aplicações do método de Wigner-Seitz

O método de Wigner-Seitz é normalmente utilizado em **sistemas metálicos**, particularmente em metais simples como o sódio e o potássio, onde o potencial atómico é aproximadamente esférico e os electrões se comportam como partículas livres nas regiões intersticiais entre os átomos. Serve também de base para métodos mais complexos, como o **método do pseudopotencial**, que aperfeiçoa o tratamento da interação eletrão-rede.

No contexto dos cálculos da estrutura de bandas, o método de Wigner-Seitz é frequentemente utilizado em conjunto com técnicas numéricas para resolver a equação de Schrödinger num potencial periódico. Ao concentrar-se numa única célula de Wigner-Seitz, a complexidade do problema é reduzida, facilitando o cálculo das bandas de energia para metais simples.

5.4. Métodos pseudopotenciais

O **método pseudopotencial** é uma técnica avançada para calcular as bandas de energia em metais, especialmente aqueles com estruturas cristalinas complexas e fortes interações eletrão-ião. Este método simplifica o tratamento da interação eletrão-ião, substituindo o **verdadeiro potencial** dos iões por um **pseudopotencial**, que suaviza o potencial que varia rapidamente perto do núcleo, mantendo as caraterísticas essenciais do potencial a distâncias maiores.

5.4.1. Conceito de Pseudopotencial

Num metal, os electrões do núcleo estão fortemente ligados ao núcleo e não afectam significativamente as propriedades electrónicas do material. Em contraste, **os electrões de valência** são relativamente livres para se moverem através do cristal e determinam a condutividade do material, a capacidade térmica e outras propriedades. O método pseudopotencial tira partido deste facto, concentrando-se nos electrões de valência e ignorando a estrutura detalhada dos electrões do núcleo.

O pseudopotencial foi concebido para ser uma **aproximação suave** do potencial verdadeiro, facilitando a resolução da equação de Schrödinger para os electrões de valência. Ao utilizar um pseudopotencial, as oscilações rápidas das funções de onda dos electrões do núcleo são eliminadas, permitindo que o cálculo se concentre no comportamento mais lento dos electrões de valência.

O pseudopotencial é construído para corresponder ao **potencial real** fora da região do núcleo, mantendo a suavidade e evitando a necessidade de modelar explicitamente os electrões do núcleo. Isto reduz significativamente a complexidade computacional da resolução das bandas de energia, especialmente em materiais com células unitárias grandes ou estruturas cristalinas complexas.

5.4.2. Aplicações dos métodos pseudopotenciais

Os métodos pseudopotenciais são amplamente utilizados no cálculo de bandas de energia para **metais, semicondutores e ligas**. São particularmente valiosos para materiais com fortes interações eletrão-ião, em que o verdadeiro potencial é difícil de tratar diretamente. O método é também muito eficaz para estudar materiais com **múltiplos átomos por célula unitária**, onde as interações entre os electrões de valência e a rede são mais complicadas.

As técnicas computacionais modernas, como a **teoria do funcional da densidade (DFT)**, recorrem frequentemente a pseudopotenciais para simplificar os cálculos. Estes métodos têm sido muito bem sucedidos na previsão das propriedades electrónicas de uma vasta gama de materiais, desde metais simples a óxidos e semicondutores complexos.

5.5. Energia coesiva e estrutura de banda

Nos metais, a **energia de coesão** refere-se à energia necessária para separar um sólido em átomos individuais. Esta energia está intimamente relacionada com a estrutura das bandas electrónicas, uma vez que os electrões nas bandas de energia contribuem para a ligação entre os átomos. Os métodos tight-binding e pseudopotencial podem ser utilizados para calcular a **energia de coesão**, determinando a energia total dos electrões nas bandas e comparando-a com a energia dos átomos isolados.

Em materiais com **forte ligação metálica**, como os metais de transição, a energia de coesão é grande, reflectindo a forte sobreposição entre orbitais atómicas e a formação de bandas de energia largas. Em contraste, os materiais com ligações metálicas mais fracas, como os **metais alcalinos**, têm energias de coesão mais baixas e bandas de energia mais estreitas.

O cálculo da energia de coesão é importante para compreender a **estabilidade** dos materiais e as suas propriedades mecânicas. Os materiais com elevada energia coesiva tendem a ter pontos de fusão elevados e forte resistência mecânica, enquanto os materiais com baixa energia coesiva são mais facilmente deformados ou fundidos.

Capítulo 6

Técnicas experimentais no estudo da superfície de Fermi

6.1. Introdução aos estudos da superfície de Fermi

A **superfície de Fermi** é fundamental para compreender o comportamento eletrónico dos metais e de outros materiais condutores. Os estudos experimentais das superfícies de Fermi fornecem informações essenciais sobre a forma como os electrões se movem e interagem dentro de um material. Estes estudos são essenciais para prever a condutividade eléctrica, as propriedades térmicas e a resposta do material a campos externos.

Foram desenvolvidas várias técnicas experimentais sofisticadas para medir diretamente a forma e a dimensão das superfícies de Fermi. Estas técnicas baseiam-se em princípios da mecânica quântica, como a quantização das órbitas dos electrões em campos magnéticos e a interação dos electrões com a radiação electromagnética. Neste capítulo, examinaremos alguns dos métodos experimentais mais importantes utilizados no estudo das superfícies de Fermi.

6.2. Espectroscopia de fotoemissão resolvida num ângulo (ARPES)

A espetroscopia de fotoemissão resolvida angularmente (ARPES) é uma das técnicas mais poderosas e amplamente utilizadas para estudar a estrutura eletrónica dos sólidos, incluindo as superfícies de Fermi. A ARPES fornece acesso direto à energia e ao momento dos electrões num material, permitindo aos investigadores mapear a **estrutura da banda eletrónica** e a **superfície de Fermi** com elevada precisão.

6.2.1. O processo ARPES

Numa experiência ARPES, o material é iluminado com fotões de alta energia (normalmente ultravioleta ou raios X), o que provoca a ejeção de fotoelectrões da superfície. Medindo a **energia cinética** e **o ângulo de emissão** dos fotoelectrões ejectados, é possível determinar a **energia de ligação** e **o momento** dos electrões no interior do material. A *relationship between the measured quantities is given by the equation:*

$$E_{binding} = h\nu - E_{kinetic} - \phi$$

Onde:

- $E_{binding}$é a energia de ligação do eletrão no material,
- $h\nu$ é a energia do fotão incidente,
- $E_{kinetic}$é a energia cinética do fotoeletrão ejectado,
- ϕ é a função de trabalho do material (a energia mínima necessária para ejetar um eletrão).

Ao analisar a distribuição angular dos fotoelectrões, o ARPES fornece uma medição direta do **momento** dos electrões no material. Isto permite aos investigadores reconstruir a **relação de dispersão**, $E(k)$que descreve a forma como a energia dos electrões varia com o seu vetor de onda. A superfície de Fermi pode ser mapeada identificando os pontos onde a energia dos electrões é igual à **energia de Fermi**.

6.2.2. Aplicações da ARPES

A ARPES é particularmente útil para estudar materiais com estruturas electrónicas complexas, tais como **supercondutores de alta temperatura**, **isoladores topológicos** e **sistemas de electrões fortemente correlacionados**. Fornece informações detalhadas sobre a estrutura de banda perto do nível de Fermi, permitindo aos investigadores observar diretamente fenómenos como:

- **Lacunas de banda**: Em semicondutores e isoladores, a ARPES pode revelar o tamanho do intervalo de banda e a sua variação com a temperatura ou dopagem.
- **Estados de superfície**: A ARPES é altamente sensível aos estados electrónicos na superfície dos materiais, o que a torna uma ferramenta ideal para estudar

fenómenos de superfície e materiais com estados de superfície não triviais, como os isoladores topológicos.

- **Mapeamento da superfície de Fermi**: Ao percorrer uma gama de energias e ângulos, a ARPES pode produzir mapas de alta resolução da superfície de Fermi, mostrando a distribuição dos estados electrónicos na energia de Fermi.

6.3. Efeito de Haas-van Alphen

O **efeito de Haas-van Alphen** é um fenómeno de mecânica quântica que ocorre quando um material é colocado num campo magnético forte. Este efeito envolve oscilações na **suscetibilidade magnética** de um metal em função da intensidade do campo magnético aplicado. Estas oscilações fornecem informações diretas sobre a forma e o tamanho da superfície de Fermi.

6.3.1. Quantização das órbitas dos electrões num campo magnético

Na presença de um campo magnético, o movimento dos electrões num metal torna-se quantizado em níveis de energia discretos, conhecidos como **níveis de Landau**. Os níveis de energia de um eletrão num campo magnético são dados por:

$$E_n = n + \frac{1}{2}\hbar\omega_c$$

Onde:

- n é o índice do nível de Landau,
- $\hbar$ é a constante de Planck reduzida,
- $\omega_c = eB/m^*$ é a **frequência do ciclotrão**, sendo e a carga do eletrão, B a intensidade do campo magnético, e m^* a massa efectiva do eletrão.

À medida que a intensidade do campo magnético aumenta, os níveis de Landau tornam-se mais espaçados. Quando o nível de Landau ocupado mais alto atravessa a superfície de Fermi, observam-se oscilações quânticas na suscetibilidade magnética, conhecidas como **efeito de Haas-van Alphen**. Estas oscilações são periódicas no inverso do campo magnético, e a sua frequência está diretamente relacionada com a **área da secção transversal extrema** da superfície de Fermi perpendicular ao campo magnético.

6.3.2. Configuração e análise experimentais

Para observar o efeito de Haas-van Alphen, uma amostra é colocada num criόstato para atingir baixas temperaturas e é aplicado um forte campo magnético. À medida que o campo magnético varia, a magnetização da amostra é medida utilizando técnicas sensíveis como a **magnetometria de binário** ou a **magnetometria de amostra vibrante**.

Ao analisar a frequência de oscilação da magnetização, os investigadores podem determinar as áreas extremas da superfície de Fermi. A **massa efectiva** dos electrões também pode ser extraída da dependência da temperatura das oscilações. Isto fornece informações detalhadas sobre a **geometria** da superfície de Fermi e as **massas efectivas** dos portadores de carga.

O efeito de Haas-van Alphen tem sido utilizado para estudar as superfícies de Fermi de muitos metais, incluindo **alumínio**, **cobre** e **metais nobres**. É particularmente útil para estudar materiais com superfícies de Fermi complexas ou anisotrópicas, uma vez que fornece uma sonda altamente sensível da estrutura eletrónica.

6.4. Ressonância de ciclotrões

A ressonância cíclotrónica é outra técnica utilizada para estudar a **massa efectiva** dos electrões e a forma da superfície de Fermi. Esta técnica mede a absorção ressonante de radiação electromagnética por electrões que se deslocam em órbitas circulares sob a influência de um campo magnético.

6.4.1. Frequência do ciclotrão e massa efectiva

Num campo magnético, os electrões livres movem-se em órbitas circulares com uma frequência conhecida como frequência de **ciclotrão** ω_C. A frequência do ciclotrão é dada por:

$$\omega_c = \frac{eB}{m^*}$$

Onde:

- ω_cé a frequência do ciclotrão,
- e é a carga do eletrão,
- B é a intensidade do campo magnético,
- m^* é a massa efectiva do eletrão.

Quando a frequência da radiação electromagnética aplicada coincide com a frequência do ciclotrão, os electrões absorvem energia de forma ressonante, conduzindo a um pico no espetro de absorção. Medindo a frequência de ressonância do ciclotrão em função do campo magnético, é possível determinar a **massa efectiva** dos electrões.

6.4.2. Aplicações da ressonância cíclotrónica

A ressonância de ciclotrões é particularmente útil para estudar a **anisotropia** da superfície de Fermi. Rodando a amostra no campo magnético, a variação da frequência do ciclotrão com a direção do campo pode ser medida, fornecendo informações sobre a forma da superfície de Fermi e a **massa efectiva anisotrópica** dos electrões.

A ressonância cíclotrónica tem sido amplamente utilizada para estudar **semicondutores**, onde as massas efectivas dos electrões de condução e dos buracos de valência podem variar significativamente com a orientação do cristal. Também tem sido aplicada a **metais** com superfícies de Fermi complexas, como o **bismuto** e **a grafite**.

6.5. Magnetoresistência e oscilações quânticas

A magnetoresistência refere-se à alteração da **resistência eléctrica** de um material quando sujeito a um campo magnético. Em materiais com superfícies de Fermi complexas, a magnetorresistência pode apresentar **oscilações quânticas**, semelhantes ao efeito de Haas-van Alphen. Estas oscilações fornecem informações valiosas sobre a superfície de Fermi e o movimento dos portadores de carga num campo magnético.

6.5.1. Efeito Shubnikov-de Haas

O **efeito Shubnikov-de Haas** é um fenómeno de oscilação quântica observado na **magnetorresistência** de um metal. Semelhante ao efeito de Haas-van Alphen, o efeito Shubnikov-de Haas ocorre devido à quantização das órbitas dos electrões em níveis de Landau num campo magnético. Quando os níveis de Landau atravessam a superfície de Fermi, observam-se oscilações na resistência eléctrica.

A frequência das oscilações de Shubnikov-de Haas está relacionada com a **área da secção transversal extrema** da superfície de Fermi, e a amplitude das oscilações fornece informações sobre a **massa efectiva** e **o tempo de dispersão** dos portadores de carga.

6.5.2. Aplicações dos estudos de magnetoresistência

Os estudos de magnetorresistência são amplamente utilizados para investigar as propriedades eletrônicas de **semicondutores de alta mobilidade**, **materiais topológicos** e **sistemas de baixa dimensão**. O efeito Shubnikov-de Haas é particularmente útil para estudar **sistemas electrónicos bidimensionais** em materiais como **os poços quânticos** e **o grafeno**, onde os estados electrónicos estão confinados a um plano.

Ao analisar as oscilações quânticas na magnetorresistência, os investigadores podem extrair informações detalhadas sobre a geometria da superfície de Fermi, a mobilidade dos portadores de carga e a natureza dos processos de dispersão no interior do material.

Capítulo 7

A Superfície de Fermi do Cobre: Um estudo de caso

7.1. Introdução à estrutura eletrónica do cobre

O cobre é um metal de transição com uma estrutura cristalina **cúbica de face centrada (FCC)**, e a sua estrutura eletrónica tem sido extensivamente estudada devido à sua importância como condutor. O cobre apresenta uma elevada condutividade eléctrica e térmica, principalmente devido à sua **superfície de Fermi** quase esférica e ao movimento livre dos electrões de condução.

A configuração eletrónica do cobre é $[Ar]\ 3d^{10}4s^{1}$com o **eletrão 4s** a contribuir para a condução, enquanto os **electrões 3d** formam um núcleo preenchido que influencia a estrutura de bandas do material. Devido à sua estrutura de banda simples e à disponibilidade de dados experimentais detalhados, o cobre serve como um excelente caso de estudo para ilustrar a construção e análise de uma superfície de Fermi.

7.2. Modelos teóricos para a superfície de Fermi do cobre

O **modelo do eletrão livre** fornece uma primeira aproximação útil para compreender o comportamento dos electrões no cobre. Neste modelo, a superfície de Fermi seria uma esfera perfeita no espaço kkk, e os electrões comportar-se-iam como se estivessem a mover-se num potencial uniforme. No entanto, o **modelo de electrões quase livres** oferece uma descrição mais precisa ao ter em conta a fraca interação entre os electrões de condução e o potencial periódico da rede FCC.

No modelo de electrões quase livres, a superfície de Fermi do cobre é ligeiramente distorcida em relação a uma esfera perfeita devido à influência da rede cristalina. A interação entre os electrões de condução e a estrutura cristalina provoca a **divisão de bandas** nos limites da zona de Brillouin, levando a desvios na forma da superfície de Fermi perto dessas regiões.

A superfície de Fermi do cobre pode ser entendida em termos da **dispersão da banda de energia**:

$$E(\vec{k}) = \frac{\hbar^2 k^2}{2m} + V_{periodic}(k)$$

Onde:

- $E(\vec{k})$ é a energia do eletrão em função do vetor de onda $\vec{k}$,
- $V_{periodic}(k)$ representa o potencial periódico devido à rede cristalina.

Neste modelo, a superfície de Fermi permanece quase esférica, mas apresenta pequenas distorções perto dos limites da zona de Brillouin. Estas distorções dão origem a **bolsas de electrões** e **bolsas de buracos** que desempenham um papel fundamental na determinação das propriedades electrónicas do cobre.

7.3. Determinação experimental da superfície de Fermi do cobre

Várias técnicas experimentais têm sido utilizadas para mapear com precisão a superfície de Fermi do cobre. Entre os métodos mais importantes contam-se **o efeito de Haas-van Alphen, a espetroscopia de fotoemissão resolvida em ângulo (ARPES)** e **a ressonância de ciclotrões**. Estas técnicas forneceram informações pormenorizadas sobre o tamanho, a forma e a topologia da superfície de Fermi.

7.3.1. efeito de Haas-van Alphen no cobre

O **efeito de Haas-van Alphen** tem sido fundamental no mapeamento da superfície de Fermi do cobre. Colocando o cobre num forte campo magnético a baixas temperaturas e medindo as oscilações na sua magnetização, os investigadores conseguiram reconstruir as áreas extremas da secção transversal da superfície de Fermi.

Estas medições revelaram que a superfície de Fermi do cobre é quase esférica, com ligeiros desvios perto dos limites da zona. As pequenas bolsas de electrões e as bolsas de buracos na superfície de Fermi foram caracterizadas em pormenor, fornecendo informações importantes sobre a **massa efectiva** dos electrões de condução e as interações entre os electrões e a rede.

Os dados experimentais do efeito de Haas-van Alphen confirmaram as previsões do modelo de electrões quase livres, mostrando que a superfície de Fermi do cobre não é perfeitamente esférica, mas está próxima da de um gás de electrões livres com pequenas distorções causadas pelo potencial da rede.

7.3.2. Estudos ARPES do cobre

A espetroscopia de fotoemissão resolvida angularmente (ARPES) também tem sido utilizada para estudar a estrutura eletrónica do cobre, fornecendo medições diretas da estrutura de bandas e da superfície de Fermi. As experiências ARPES permitem aos investigadores mapear os estados electrónicos na energia de Fermi, medindo a energia e o momento dos electrões fotoemitidos.

No caso do cobre, a ARPES tem sido particularmente útil na visualização da **superfície de Fermi quase esférica** e na identificação de caraterísticas subtis na estrutura das bandas, tais como a interação entre os electrões de condução e as **bandas 3d** preenchidas. Estas interações conduzem a pequenos desvios da esfericidade na superfície de Fermi, particularmente perto dos pontos de elevada simetria da zona de Brillouin.

Os dados ARPES para o cobre fornecem mapas de alta resolução da superfície de Fermi, complementando a informação obtida a partir do efeito de Haas-van Alphen. Em conjunto, estas técnicas oferecem uma imagem completa da estrutura eletrónica do cobre.

7.4. Caraterísticas da superfície de Fermi do cobre

A superfície de Fermi do cobre é quase esférica, reflectindo a estrutura eletrónica simples do metal. No entanto, existem desvios importantes da esfericidade perfeita que surgem devido à interação entre os electrões de condução e o potencial periódico da rede FCC.

- **Bolsas de electrões**: São regiões da superfície de Fermi onde os electrões estão concentrados. No cobre, pequenas bolsas de electrões aparecem perto de certos pontos de simetria da zona de Brillouin, distorcendo ligeiramente a superfície de Fermi esférica.

- **Bolsas de buracos**: As bolsas de buracos são regiões onde a superfície de Fermi desce abaixo da energia de Fermi, correspondendo à ausência de electrões. No cobre, estas bolsas de buracos são relativamente pequenas e ocorrem perto dos limites das zonas.

- **Massa efectiva dos electrões**: A massa efectiva dos electrões no cobre pode ser extraída de dados experimentais, tais como o efeito de Haas-van Alphen e a ressonância de ciclotrões. A massa efectiva é ligeiramente maior do que a massa do eletrão livre devido à influência do potencial da rede.

Estas caraterísticas da superfície de Fermi do cobre desempenham um papel crucial na determinação das suas propriedades de transporte, tais como a condutividade eléctrica e térmica. A forma quase esférica da superfície de Fermi permite a livre circulação dos electrões, contribuindo para a excelente condutividade do cobre.

7.5. Propriedades de Transporte do Cobre e o Papel da Superfície de Fermi

O cobre é conhecido pela sua elevada **condutividade eléctrica**, que resulta principalmente da superfície de Fermi quase esférica e da **elevada densidade de estados** na energia de Fermi. A forma simples da superfície de Fermi permite que os electrões se movam livremente em resposta a um campo elétrico, conduzindo a uma baixa resistividade e a uma elevada condutividade.

A elevada condutividade térmica do cobre está também intimamente ligada à sua superfície de Fermi. Os electrões de condução perto da superfície de Fermi são responsáveis pelo transporte eficiente da energia térmica através do metal. Esta propriedade faz do cobre um material ideal para dissipadores de calor e cabos eléctricos.

Além disso, a **magnetorresistência** do cobre foi estudada extensivamente e apresenta variações pequenas, mas mensuráveis, quando colocado num campo magnético. Estas variações estão relacionadas com a **anisotropia** da superfície de Fermi e com as interações entre os electrões e a rede.

7.6. Aplicações dos estudos da superfície de Fermi no cobre

O conhecimento detalhado da superfície de Fermi do cobre tem implicações práticas para a conceção e otimização de materiais para **aplicações electrónicas** e **térmicas**. O comportamento quase livre de electrões do cobre torna-o uma excelente escolha para aplicações que requerem uma condução eléctrica e térmica eficiente, tais como cabos eléctricos, permutadores de calor e componentes electrónicos.

Além disso, a compreensão das caraterísticas subtis da superfície de Fermi do cobre, tais como os pequenos desvios da esfericidade, tem sido importante para a **conceção de ligas**. As ligas de cobre, como o **bronze** e **o latão**, apresentam propriedades electrónicas e mecânicas diferentes, e estas diferenças podem ser compreendidas em termos de alterações na superfície de Fermi e na estrutura das bandas.

Além disso, a superfície de Fermi simples e bem caracterizada do cobre tem servido de referência para o estudo de metais e ligas mais complexos. Ao comparar a superfície de Fermi do cobre com a de outros materiais, os investigadores obtiveram informações valiosas sobre o papel das **interações eletrão-rede** e os efeitos da estrutura cristalina nas propriedades electrónicas.

Capítulo 8

Tópicos avançados em superfícies de Fermi e metais

8.1. Oscilações Quânticas e o Efeito de Haas-van Alphen

Uma das manifestações mais marcantes da natureza quantizada das órbitas dos electrões num campo magnético são as **oscilações quânticas**, que aparecem em várias grandezas físicas, como a magnetização e a resistência eléctrica. Estas oscilações fornecem uma visão profunda sobre a geometria e a topologia das superfícies de Fermi nos metais.

O **efeito de Haas-van Alphen**, como já foi referido, é um fenómeno de oscilação quântica observado na **suscetibilidade magnética** dos metais quando sujeitos a um forte campo magnético. A origem destas oscilações reside na quantização das órbitas dos electrões em **níveis de Landau**, que se formam à medida que os electrões são forçados a entrar em órbitas circulares pelo campo magnético.

8.1.1. Compreender as oscilações quânticas

Quando o campo magnético é variado, o espaçamento entre os níveis de Landau altera-se, fazendo com que diferentes níveis de Landau atravessem a superfície de Fermi. Este cruzamento leva a variações periódicas na **densidade de estados ao nível de Fermi**, resultando em oscilações em grandezas mensuráveis como a magnetização (efeito de Haas-van Alphen) e a resistividade eléctrica (efeito Shubnikov-de Haas).

A frequência de oscilação está relacionada com a **área da secção transversal extrema** da superfície de Fermi perpendicular ao campo magnético aplicado. Esta relação é dada pela **relação de Onsager**:

$$F = \frac{\hbar}{2\pi e} A_{extremal}$$

Onde:

- F é a frequência de oscilação em unidades de campo magnético inverso,
- $\hbar$ é a constante de Planck reduzida,
- e é a carga do eletrão,
- $A_{extremal}$ é a área da secção transversal extrema da superfície de Fermi.

Ao medir a frequência de oscilação, os investigadores podem inferir o tamanho e a forma da superfície de Fermi. Estas medições são especialmente valiosas para materiais complexos em que a superfície de Fermi pode apresentar caraterísticas invulgares, como **órbitas abertas** ou topologia não trivial.

8.1.2. Temperatura e amortecimento das oscilações quânticas

A amplitude das oscilações quânticas diminui com o aumento da temperatura devido ao alargamento térmico da superfície de Fermi. Este amortecimento é descrito pela **fórmula de Lifshitz-Kosevich**, que fornece uma descrição quantitativa da dependência da temperatura das oscilações.

O fator de amortecimento, R_Té dado por:

$$R_T = \frac{\alpha T/B}{\sinh(\alpha T/B)}$$

Onde:

- $\alpha = 2\pi^2 k_B m^*/\hbar e,$
- k_Bé a constante de Boltzmann,
- m^* é a massa efectiva do eletrão,
- T é a temperatura,
- B é a intensidade do campo magnético.

Esta relação mostra que a amplitude das oscilações diminui à medida que a temperatura aumenta, e a magnitude deste amortecimento está relacionada com a **massa efectiva** dos electrões. Ao estudar a dependência das oscilações quânticas em relação à temperatura, é possível extrair a massa efectiva, o que permite conhecer melhor as propriedades electrónicas do material.

8.2. Órbitas abertas e transporte em campos magnéticos

Em certos materiais, a superfície de Fermi contém **órbitas abertas**, que permitem aos electrões moverem-se através de múltiplas zonas de Brillouin, em vez de ficarem confinados a órbitas fechadas. Estas órbitas abertas têm efeitos significativos nas propriedades de transporte do material, especialmente na presença de um campo magnético.

8.2.1. Órbitas Fechadas vs. Abertas

- **Órbitas fechadas**: Ocorrem quando a trajetória do eletrão forma um circuito fechado na superfície de Fermi. Neste caso, os electrões permanecem confinados a uma região específica do espaço k, e o material apresenta normalmente **uma magnetorresistência normal**.

- **Órbitas abertas**: As órbitas abertas surgem quando a superfície de Fermi se estende para além da primeira zona de Brillouin, permitindo que os electrões viajem através de várias zonas. Estas órbitas ocorrem frequentemente em materiais com superfícies de Fermi complexas, como os metais de transição e certos materiais de baixa dimensão. As órbitas abertas resultam em **magnetoresistência anisotrópica**, o que significa que a resistência eléctrica varia consoante a direção do campo magnético aplicado.

8.2.2. Órbitas abertas em campos magnéticos elevados

Num campo magnético elevado, o movimento dos electrões em órbitas abertas leva a **oscilações de magnetorresistência** que são distintas das observadas em materiais com órbitas fechadas. Estas oscilações podem resultar em fenómenos de transporte exóticos, como a **magnetorresistência linear** observada em alguns semimetais e materiais topológicos.

Em materiais como a **grafite** e **o bismuto**, as órbitas abertas foram diretamente observadas através de medições de oscilações quânticas. A presença de órbitas abertas pode levar a **fortes anisotropias** na condutividade eléctrica, especialmente em campos magnéticos elevados. Este comportamento é frequentemente explorado na conceção de **sensores magnéticos** e **dispositivos de comutação**.

8.3. Materiais exóticos com superfícies de Fermi complexas

Os recentes avanços na ciência dos materiais levaram à descoberta de vários materiais exóticos com **superfícies de Fermi altamente complexas**. Estes materiais, que incluem **isoladores topológicos**, **semimetais de Weyl** e **supercondutores de alta temperatura**, exibem propriedades electrónicas não triviais que estão diretamente relacionadas com a topologia das suas superfícies de Fermi.

8.3.1. Isoladores topológicos

Os isoladores topológicos são materiais isolantes a granel, mas que possuem estados condutores nas suas superfícies. Estes estados superficiais são protegidos pela ordem topológica do material e apresentam propriedades electrónicas invulgares, como o **bloqueio do spin-momento** e **a robustez contra a retrodifusão**.

A superfície de Fermi de um isolante topológico é caracterizada pela presença de **cones de Dirac** na superfície, onde as bandas de energia se tocam num único ponto. Estes cones de Dirac dão origem a uma relação linear energia-momento, semelhante à observada no grafeno. A estrutura eletrónica única dos isoladores topológicos torna-os candidatos promissores para aplicações em **spintrónica** e **computação quântica**.

8.3.2. Semimetais de Weyl

Os semimetais de Weyl são materiais em que as bandas de condução e de valência se intersectam em pontos discretos, conhecidos como **nós de Weyl**, na zona de Brillouin. Estes nós actuam como fontes e sumidouros da **curvatura de Berry**, uma quantidade que descreve a fase geométrica das funções de onda electrónicas. A superfície de Fermi de um semimetal de Weyl consiste em órbitas abertas que ligam estes nós de Weyl, conduzindo a propriedades de transporte exóticas.

Uma das caraterísticas mais marcantes dos semimetais de Weyl é a presença de **arcos de Fermi** nas suas superfícies. Estes arcos são segmentos descontínuos da superfície de Fermi que terminam nos nós de Weyl. Os arcos de Fermi foram observados em materiais como o **TaAs** e **o NbP**, utilizando ARPES e medições de oscilação quântica.

Os semimetais de Weyl também apresentam propriedades de magnetorresistência invulgares, como a **anomalia quiral**, em que o número de férmions de Weyl destros e canhotos não é conservado na presença de campos elétricos e magnéticos paralelos. Isto conduz a uma magnetorresistência longitudinal negativa, que foi observada experimentalmente.

8.3.3. Supercondutores de alta temperatura

Os supercondutores de alta temperatura (HTSCs), como os cupratos e os supercondutores à base de ferro, têm superfícies de Fermi altamente complexas. Estes materiais exibem supercondutividade a temperaturas muito superiores às previstas pela **teoria** tradicional da supercondutividade **BCS**.

A superfície de Fermi de um típico supercondutor cuprato de alta temperatura é constituída por **grandes bolsas de buracos** e **pequenas bolsas de electrões**. Pensa-se que as interações entre os electrões de condução e as **flutuações antiferromagnéticas** na rede desempenham um papel crucial na formação de pares de Cooper, que são responsáveis pelo estado supercondutor.

As superfícies de Fermi complexas dos HTSCs foram estudadas utilizando ARPES, oscilações quânticas e espetroscopia de tunelamento. Estes estudos revelaram que a **simetria do gap** e o estado de **pseudogap** nestes materiais estão intimamente relacionados com a superfície de Fermi subjacente.

8.4. Efeito Hall Quântico e a Superfície de Fermi

O **efeito Hall quântico** (QHE) é outro fenómeno quântico intimamente ligado à superfície de Fermi. O QHE ocorre em sistemas bidimensionais de electrões sujeitos a fortes campos magnéticos, onde a condutância Hall se **quantiza** em unidades inteiras ou fraccionadas da constante fundamental e2/he^2/he2/h.

A quantização da condutância Hall está diretamente relacionada com a **topologia da superfície de Fermi** em duas dimensões. A QHE foi observada no **grafeno** e nos **poços quânticos**, onde a natureza bidimensional do sistema eletrónico permite a formação de **níveis de Landau** que conduzem à quantização da condutância Hall.

No **efeito Hall quântico fraccionado (FQHE)**, o sistema eletrónico forma um estado altamente correlacionado, com os electrões a comportarem-se como **quase-partículas** que transportam uma fração da carga do eletrão. A superfície de Fermi desempenha um papel crucial na determinação da estabilidade destes estados quânticos fraccionários e na sua interação com campos externos.

Capítulo 9

Conclusão e perspectivas futuras

9.1. Resumo dos conceitos-chave

O estudo das **superfícies de Fermi** provou ser um dos aspectos mais cruciais para a compreensão das propriedades electrónicas dos metais e de outros materiais. Ao longo deste livro, explorámos os modelos teóricos e as técnicas experimentais utilizadas para estudar as superfícies de Fermi, bem como as implicações destas superfícies para as propriedades físicas de vários materiais.

Os principais conceitos abordados no livro incluem:

- **Superfícies de Fermi em Metais**: A superfície de Fermi define a fronteira entre os estados electrónicos ocupados e desocupados à temperatura zero absoluta. A sua forma e topologia determinam muitas propriedades importantes dos metais, incluindo a condutividade eléctrica e térmica, a suscetibilidade magnética e a resposta a campos externos.
- **Modelos de electrões livres e quase livres**: O **modelo de electrões livres** fornece uma aproximação simples para o comportamento dos electrões de condução, com a superfície de Fermi aproximada como uma esfera no espaço k. O **modelo de electrões quase livres** melhora este modelo ao incorporar interações fracas entre os electrões e o potencial periódico da rede cristalina, levando a pequenas distorções da superfície de Fermi.
- **Cálculos de bandas de energia**: São utilizados vários métodos, tais como o **método de ligação apertada, o método de Wigner-Seitz** e **o método pseudopotencial**, para calcular as bandas de energia eletrónica em metais e outros materiais. Estes cálculos fornecem uma visão detalhada da estrutura da

superfície de Fermi e da distribuição de electrões em diferentes estados de energia.

- **Técnicas experimentais**: Técnicas como a **espetroscopia de fotoemissão resolvida em ângulo (ARPES)**, o **efeito de Haas-van Alphen** e **a ressonância de ciclotrão** permitem aos investigadores observar diretamente a forma e o tamanho das superfícies de Fermi. Estes métodos experimentais têm sido fundamentais para mapear as superfícies de Fermi de muitos materiais, desde metais simples como o cobre até sistemas mais complexos como os supercondutores de alta temperatura.

- **Tópicos Avançados**: Superfícies de Fermi complexas, como as encontradas nos **semimetais de Weyl**, **isoladores topológicos** e **supercondutores de alta temperatura**, apresentam novos desafios e oportunidades de investigação. Os fenómenos quânticos, como o **efeito de Haas-van Alphen**, **as oscilações quânticas** e o **efeito Hall quântico**, fornecem informações adicionais sobre o comportamento dos electrões nestes materiais.

A exploração das superfícies de Fermi não só fez avançar a nossa compreensão dos metais, como também proporcionou um conhecimento mais profundo da **mecânica quântica**, da **cristalografia** e das interações entre os electrões e a rede nos sólidos.

9.2. Importância dos Estudos da Superfície de Fermi na Física Moderna

O estudo das superfícies de Fermi continua na vanguarda da física da matéria condensada. À medida que os materiais se tornam cada vez mais complexos, a compreensão da estrutura detalhada da superfície de Fermi torna-se essencial para a previsão das propriedades de um material e para o desenvolvimento de novas tecnologias. A superfície de Fermi desempenha um papel crítico na conceção de materiais para utilização em eletrónica, gestão térmica e computação quântica.

Os principais domínios em que os estudos da superfície de Fermi são particularmente relevantes incluem

- **Supercondutividade**: A superfície de Fermi é crucial para compreender a formação de pares de Cooper nos supercondutores, e a geometria da superfície de Fermi determina a simetria e as caraterísticas do intervalo supercondutor. Os avanços nos **supercondutores de alta temperatura** e nos **supercondutores não convencionais** continuam a depender de estudos pormenorizados das superfícies de Fermi.

- **Materiais Topológicos**: A descoberta dos **isoladores topológicos** e dos **semimetais de Weyl** abriu novas fronteiras na ciência dos materiais. As propriedades electrónicas invulgares destes materiais estão diretamente relacionadas com a topologia da sua superfície de Fermi, e a compreensão desta topologia é a chave para desbloquear o seu potencial em aplicações como **a spintrónica** e **a computação quântica**.

- **Materiais Quânticos**: Em sistemas com fortes correlações electrónicas, tais como **sistemas de férmions pesados** e **isoladores de Mott**, a superfície de Fermi pode sofrer alterações dramáticas devido a interações entre electrões. Estes materiais desafiam as teorias tradicionais do comportamento dos electrões e o seu estudo representa uma área de investigação interessante.

9.3. Direcções futuras na investigação da superfície de Fermi

Olhando para o futuro, várias tendências e desafios emergentes irão impulsionar a investigação sobre as superfícies de Fermi e o seu papel na ciência dos materiais:

- **Materiais 2D e Heteroestruturas de van der Waals**: O aparecimento de materiais bidimensionais, como o **grafeno** e **os dicalcogenetos de metais de transição (TMDs)**, introduziu novas possibilidades de manipulação das superfícies de Fermi. Nas **heteroestruturas de van der Waals**, onde as camadas de materiais 2D são empilhadas, as interações entre camadas podem conduzir a novas geometrias da superfície de Fermi e a propriedades electrónicas exóticas.

- **Matéria Quântica Topológica**: Prevê-se que o estudo das **fases topológicas da matéria** continue a expandir-se, com a descoberta de novas classes de materiais. Em particular, **os supercondutores topológicos** e **os semimetais topológicos** são áreas de grande interesse. A compreensão da superfície de Fermi destes materiais é fundamental para a concretização das suas potenciais aplicações na **computação quântica tolerante a falhas**.

- **Superfícies de Fermi fora do equilíbrio**: Com os avanços na **espetroscopia ultra-rápida** e nas **experiências de bomba-sonda**, os investigadores estão a começar a estudar **estados** da matéria fora do equilíbrio. Estas experiências permitem aos cientistas tirar materiais do equilíbrio usando impulsos laser curtos e observar como a superfície de Fermi evolui em tempo real. Estes estudos têm o potencial de revelar novas fases da matéria e estados electrónicos transitórios que não existem em equilíbrio.

- **Sistemas Fortemente Correlacionados**: Em sistemas com fortes interações eletrão-eletrão, como os **compostos de férmions pesados** e **os supercondutores de alta temperatura**, a superfície de Fermi pode apresentar alterações não triviais em resultado do comportamento coletivo dos electrões. A compreensão destes sistemas requer um quadro teórico mais profundo que vá para além da teoria convencional das bandas e explore **os efeitos quânticos de muitos corpos**.

- **Criticalidade Quântica e Reconstrução da Superfície de Fermi**: Nos **pontos críticos quânticos**, onde ocorre uma transição de fase à temperatura de zero absoluto, a superfície de Fermi pode sofrer uma reconstrução dramática. Espera-se que o estudo da **criticalidade quântica** em materiais como sistemas de férmions pesados e supercondutores não convencionais lance luz sobre os mecanismos fundamentais subjacentes a estas transições de fase.

9.4. Conclusão

O estudo das **superfícies de Fermi** teve um impacto profundo na nossa compreensão das propriedades electrónicas dos materiais. Desde metais simples como o cobre até materiais topológicos complexos e supercondutores de alta temperatura, a superfície de Fermi continua a ser um conceito central na física da matéria condensada.

À medida que novos materiais são descobertos e as técnicas experimentais continuam a evoluir, o estudo das superfícies de Fermi continuará a ser um domínio dinâmico e excitante. A interação entre teoria e experiência será essencial para resolver questões em aberto sobre **sistemas fortemente correlacionados**, **materiais quânticos** e a **topologia** dos estados electrónicos.

Os investigadores continuarão a ultrapassar os limites do que sabemos sobre as superfícies de Fermi, explorando novos fenómenos e desenvolvendo aplicações inovadoras baseadas nas propriedades únicas dos materiais. Da computação quântica à eletrónica avançada, os conhecimentos adquiridos com o estudo das superfícies de Fermi continuarão a moldar o futuro da tecnologia e da ciência.

Bibliografia

Ashcroft, N. W. (1996). *Metais nobres e supercondutividade*. Physics Today, 49(1), 72-76. https://doi.org/10.1063/1.881543

Ashcroft, N. W., & Mermin, N. D. (1976). *Solid state physics*. Harcourt College Publishers.

Blatt, F. J. (1968). *Física da condução eletrónica em sólidos*. McGraw-Hill.

Harrison, W. A. (1980). *Estrutura eletrónica e propriedades dos sólidos: The physics of the chemical bond*. Dover Publications.

Hohenberg, P., & Kohn, W. (1964). *Inhomogeneous electron gas*. Physical Review, 136(3B), B864-B871. https://doi.org/10.1103/PhysRev.136.B864

Ibach, H., & Lüth, H. (2009). *Física do estado sólido: Uma introdução aos princípios da ciência dos materiais* (4ª ed.). Springer.

Kittel, C. (2005). *Introdução à física do estado sólido* (8ª ed.). John Wiley & Sons.

Lifshitz, I. M., Kosevich, A. M., & Abrikosov, A. A. (1965). *A teoria dos líquidos de Fermi*. Soviet Physics JETP, 20(5), 1011-1017.

Mahan, G. D. (2000). *Física de muitas partículas* (3ª ed.). Springer.

Mott, N. F., & Jones, H. (1958). *The theory of the properties of metals and alloys (A teoria das propriedades dos metais e ligas*). Dover Publications.

Peierls, R. (1955). *Teoria quântica dos sólidos*. Oxford University Press.

Pines, D., & Nozières, P. (1966). *A teoria dos líquidos quânticos*. Benjamin-Cummings.

Slater, J. C. (1965). *Teoria quântica de moléculas e sólidos*. McGraw-Hill.

Ziman, J. M. (1972). *Principles of the theory of solids* (2ª ed.). Cambridge University Press.

Sobre o autor

O Dr. Aloke Verma é um físico e educador distinto com mais de 14 anos de experiência no meio académico. Tem um doutoramento em Física, com uma especialização em ciência dos materiais e física teórica, e fez contribuições significativas para o campo através da sua investigação e ensino. Atualmente a desempenhar as funções de Diretor do Departamento de Física da Universidade de Kalinga, o Dr. Verma publicou 66 artigos de investigação em revistas nacionais e internacionais, é autor de seis livros e contribuiu para 14 capítulos de livros. Os seus interesses de investigação incluem células solares de perovskite, materiais de luminescência, física avançada da matéria condensada e materiais dieléctricos.

O Dr. Verma tem desempenhado um papel fundamental na formação da estrutura académica da sua instituição, contribuindo para a conceção do currículo de vários programas de física e organizando numerosas conferências, seminários e workshops. A sua dedicação ao sucesso dos alunos reflecte-se na sua abordagem de ensino prática e no seu empenho em promover um ambiente de aprendizagem dinâmico.

Em reconhecimento das suas realizações académicas e profissionais, o Dr. Verma recebeu vários prémios, incluindo o Prémio de Melhor Professor e o Prémio de Excelência Académica da Sociedade de Materiais Tecnologicamente Avançados da Índia.

O Dr. Verma é membro vitalício de várias sociedades prestigiadas, incluindo a Luminescence Society of India e a Indian Science Congress Association. A sua experiência e paixão pela física continuam a impulsionar a sua investigação, particularmente nas áreas da energia solar, nanotecnologia e ciências ambientais.

Printed by Books on Demand GmbH, Norderstedt / Germany